CON GRIN SUS CONOCIMIENTOS VALEN MAS

- Publicamos su trabajo académico, tesis y tesina

- Su propio eBook y libro - en todos los comercios importantes del mundo

- Cada venta le sale rentable

Ahora suba en www.GRIN.com
y publique gratis

Bibliographic information published by the German National Library:

The German National Library lists this publication in the National Bibliography; detailed bibliographic data are available on the Internet at http://dnb.dnb.de .

Imprint:

Copyright © 2015 GRIN Verlag
Print and binding: Books on Demand GmbH, Norderstedt Germany
ISBN: 9783668747418

This book at GRIN:

https://www.grin.com/document/432117

Graciana Insaurralde

Fibrodisplasia Osificante Progresiva

GRIN Verlag

Fibrodisplasia Osificante Progresiva.

Graciana Insaurralde.

Instituto de Formación Técnica Superior N° 10: Dr Ramón Carrillo.

Notas de autor

Graciana Insaurralde

Tabla de contenido

DEDICTORIA.

Dedico este trabajo en primer lugar a mi familia y amigos de la vida, especialmente a mi hermana Martina y a mi mamá, que me apoyaron, en todo este trayecto. También, a mis compañeros de ruta en esta carrera, que siempre me alientan a no bajar los brazos, a los profesores que me sirvieron de guía, que me impulsaron a superarme y así ser cada día mas libre. A Katina, una persona que conocí por este trabajo y que su frase "sin límites y sin barreras" la vive y eso es digno de admiración y profundo respeto. Y por ultimo quiero dedicárselo a mi ahijado, el ser mas especial en mi vida, por el que vale la pena tratar de hacer la diferencia en el mundo.

RESUMEN.

La fibrodisplasia osificante progresiva (FOP) es una enfermedad poco frecuente, afecta a 1:2.000.000 de personas, se estima que hay 3600 casos en el mundo. Se trata de un error genético que lo que produce es la osificación del tejido conectivo. Su modo de herencia es autosómica dominante aunque en la mayoría de los casos se trata de una mutación de novo, ya que los pacientes con FOP no suelen tener hijos. No tiene cura y es de difícil diagnóstico.

ABSTRACT

Fibrodysplasia ossificans progressiva (FOP) is a rare disease, affecting 1: 2,000,000 people, it is estimated that there are 3600 cases in the world. It is a genetic error that what is produced is the ossification of the connective tissue. Its mode of inheritance is autosomal dominant, although in most cases it is a de novo mutation, since patients with FOP do not usually have children. It has no cure and is difficult to diagnose.

INTRODUCCIÓN

La fibrodisplasia osificante progresiva (FOP) es una enfermedad poco frecuente. Este tipo de enfermedades son llamadas así ya que afectan a un número reducido de la población, en Argentina la ley existente establece el límite de 1:2000 personas afectadas.

La FOP afecta a 1:200000 personas, no distingue entre sexo o raza, es autosómica dominante, puede ser hereditaria (ocurre en el 5% de los casos) aunque en la mayoría se debe a una mutación de novo (95%). Esto se debe a que es muy raro que una persona con FOP tenga hijos. Debido a la rareza de la enfermedad las personas que la padecen tardan en ser diagnosticadas y a veces son sometidas a prácticas contraproducentes para ellas. A medida que avanza la enfermedad las personas que la padecen son cada vez menos independientes debido a que los músculos, ligamentos y tendones se osifican. Esto también trae complicaciones al sistema respiratorio, circulatorio, digestivo. Cuanto antes se llegue a su diagnóstico se le podrá garantizar una mayor calidad de vida al paciente.

Marco teórico

La FOP es una enfermedad congénita, que se debe a una mutación en el gen ACVR1, que codifica para un receptor de proteínas morfogénicas óseas tipo 1: activin receptor IA/activin-like kinase-2 (ACVR1/ALK2), que se localiza en el cromosoma 2. La mutación clásica que se da en este gen (90% de los casos) es de sustitución con ganancia de función, se reemplaza una base "G" (guanina) por una A (adenina), lo que causa una sustitución del nucleótido arginina por histidina en el codón 206. Esto hace que el gen se encuentre activo de manera permanente y que la vía de señalización BMP se encuentre hiperactiva lo que causa la condrogénesis y la osteogénesis heterotópicas.

Lo que ocurre normalmente es que las BMPs se unen al receptor ACVR1, que induce una cascada de eventos que llevan a la formación del hueso y a su crecimiento. La Activina A interacciona con el receptor bloqueando la unión con la proteína morfogenica del hueso y asi inactiva su efecto y regula el volumen del crecimiento óseo. Cuando este gen esta mutado, la capacidad de la interacción receptor- activina A se ve modificada, lo que provoca que no se pueda bloquear el proceso. Y no solo eso sino que el receptor responde a ella provocando la exacerbación de condrogénesis y posteriormente la osificación. Este mecanismo de acción se vio en ratones adultos con el Gen ACVR1 modificado. Esto también da una idea de porque los brotes se desencadenan en situaciones de traumas, en estas la activina se ve aumentada.

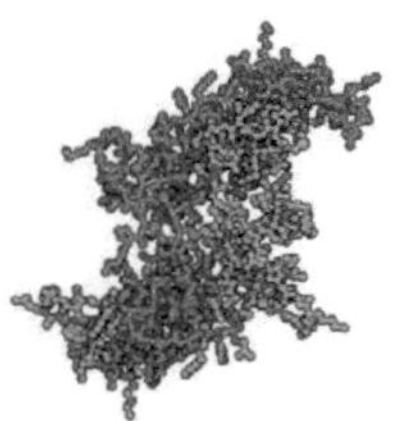

Fuente: Estructura molecular de la activina A. Imagen: Protein Data Base- 2ARV, visualizada con QuteMol (http://qutemol.sourceforge.net).

Descubrimiento del Gen.

El descubrimiento del gen se dio en el año 2006, tras investigar durante quince años el ligamiento genético y el secuenciamiento del ADN en familias multigeneracionales con FOP. El financiamiento correspondió en un 80 porciento por las familias de los pacientes FOP.

Esto ayudo a entender mejor como se desarrolla la enfermedad, a tener pruebas diagnosticas genéticas y a investigar nuevas curas y tratamientos.

Proteínas morfogénicas óseas (BMP)

Las BMP son glicoproteínas que pertenecen a la superfamilia de TGF-B, entre sus principales funciones se encuentran:

- Regulación de la división celular.
- Regulación de la apoptosis.
- Regulación de la migración y diferenciación celular.
- Son importantes en la condrogénesis, osteogénesis y revascularización.

Desarrollo de la enfermedad.

El desarrollo de la enfermedad puede estar dada de manera natural, se manifiesta con periodos activos y con otros de latencia de duración indeterminada, o como respuesta a traumatismos físicos. En ambos casos, el proceso en el cual el tejido conectivo se convierte en hueso es episódico, aparece como consecuencia de lo que se conocen como brotes (nombre queque reciben los síntomas de FOP cuando se encuentran en actividad). Las causas de los mismos no se saben con precisión ya que pueden provenir de un traumatismo o espontáneamente. El primer síntoma es la inflamación, la hinchazón del tejido, enrojecimiento en el lugar, algunos pacientes pueden presentar fiebre. Y todo esto da como resultado molestias y dolor. En el sitio que se desencadena el brote aparecen leucocitos (células del sistema inmune), lo que en el caso de un traumatismo normal estas células absorberían las células heridas y repararían la zona, pero en el paciente con FOP no solo hacen esto sino que atacan células sanas, provocando la necrosis de fibras musculares. Debido a esto arriban células pluripotenciales que se dividen e invaden el lugar dañado, y en vez de generar musculo, se convierten en cartílago y se empieza con la formación ósea. No solo es afectado el musculo, sino también tendones, fascia, aponeurosis y ligamentos. La duración de los síntomas pueden durar 6 a 8 semanas pero dependerá de la zona afectada, el estimulo que lo desencadene y el sistema inmune.

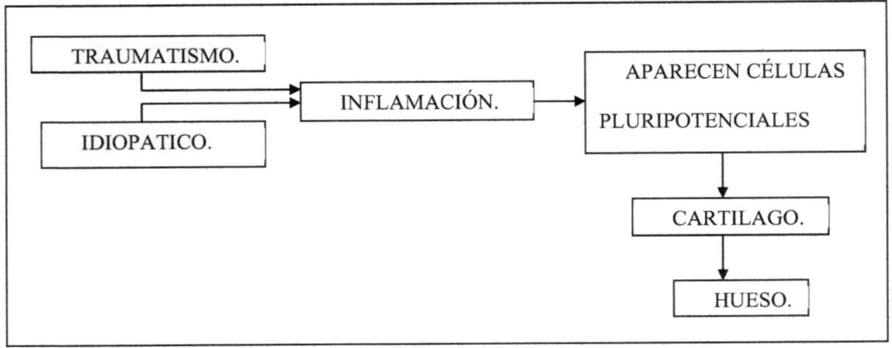

Fuente: elaboración propia.

No todos los brotes terminan con el proceso completo. Las primeras regiones en ser afectadas son: la región dorsal, axial, craneal y las proximales del cuerpo. Luego las afectadas son la parte ventral, apendicular, caudal y las regiones distales. Los músculos esqueléticos: diafragma, la lengua y los músculos extra oculares, el musculo cardiaco y el liso no se osifican.

Hay brotes que son llamados de urgencia, esto se debe a que deben ser tratados inmediatamente. Estos son los de la mandíbula, ya que es considerado una amenaza potencial para la vida, ya que una osificación en ese lugar no permitiría la alimentación como también podría obstruir las vías respiratorias. Y los síntomas en la cadera y otras articulaciones grandes, ya que afectarían la movilidad de la persona.

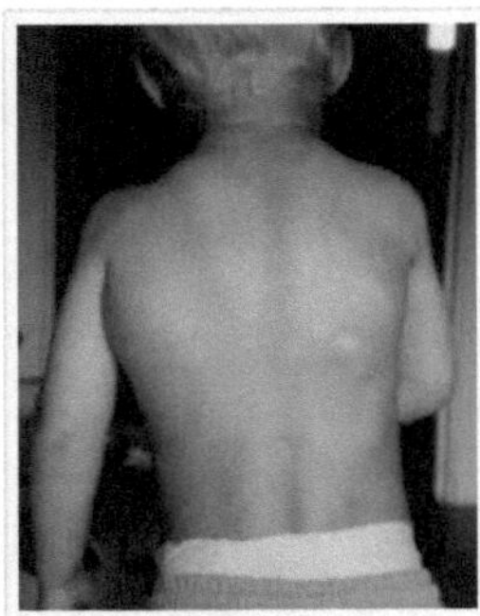
Brote de FOP que da inicio al proceso de osificación visible a través de grandes inflamaciones

Fuente: http://fundacionfop.org.ar/sintomas/

Osificación ósea endocondral.

La osificación heterotópica sigue patrones iguales a la formación del hueso endocondral normal. De hecho no se distingue el hueso normal del anormal, excepto por su ubicación. El tejido óseo se define como un tejido conectivo especial, en donde su matriz extracelular está mineralizada. Su formación comienza con la proliferación y la acumulación de las células mesenquimáticas en el sitio donde se desarrollara el futuro hueso. Bajo la influencia de factores de crecimiento fibroblásticos (FGF) y las proteínas morfogénicas óseas (BMP), se diferencian en condroblastos y producen matriz cartilaginosa. Cuando esta rodea completamente a las células formadoras de cartílago, estas se denominan condrocitos.

Los condrocitos aumentan de tamaño, la matriz cartilaginosa se reabsorbe y forman placas de cartílagos. Las células hipertróficas comienzan sintetizar fosfatasa alcalina y la matriz empieza a calcificarse. Cundo logra hacerlo, esta impide la difusión de las sustancias nutritivas y causa la apoptosis de los condrocitos. Vasos invaden la zona y con estos llegan las células osteoprogenitoras que se convierte en osteoblastos y empiezan a sintetizar y secretar el tejido óseo (osteoide). De esta manera el molde de cartílago es reemplazado por hueso.

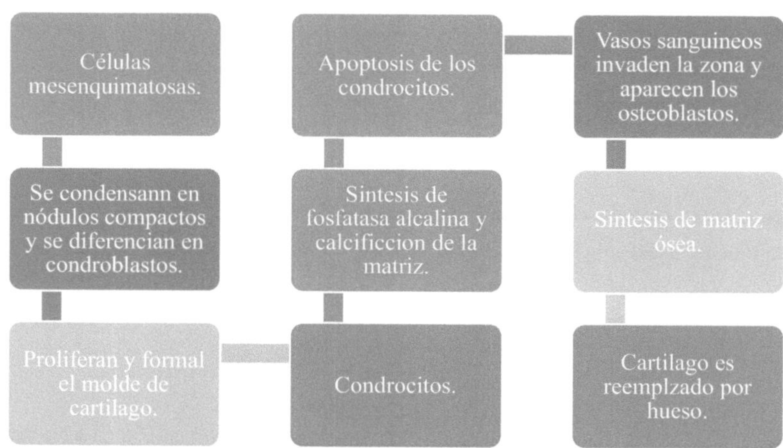

Fuente: elaboración propia.

Complicaciones de las osificaciones.

Además de reducir la movilidad, las osificaciones suelen traer problemas en donde se van a ver afectados otros órganos. Estos son:

- Dolores agudos debido a los traumatismos o recaidas espontaneas.
- Dolores Crónicos: se pueden deber a posturas inadecuadas y a que el hueso extra puede presionar nervios.

- Pérdida de audición: esto se debe a la osificación de las articulaciones de los huesecillos del oído medio (martillo, yunque y estribo)
- Problemas en el sistema respiratorio: las personas con FOP suelen tener una malformación congénita de las articulaciones que conectan las costillas con las vértebras en la columna vertebral. Esto provoca rigidez en el tórax, lo que puede disminuir la capacidad pulmonar. También se pueden ver afectados los músculos que se encuentran en la caja torácica lo que agravaría la situación. La disminución en la función respiratoria hace que las personas con FOP sean propensas a neumonías u otras infecciones respiratorias. Es de suma importancia mejorar la respiración y en el caso de adquirir algún tipo de enfermedad respiratoria debe ser tratada agresivamente y de inmediato.
- Cálculos renales: los pacientes tienen una prevalencia de dos veces más de presentarlos que la población general. Estos se podría deber a la inmovilidad que causa FOP sumado a la alta tasa de producción de nuevo hueso sumado a la eliminación del existente para remodelarse.
- Dolores de cabeza: estos se pueden deber a la rigidez, por osificación de los músculos del cuello.
- Ulceras por presión: estas son consecuencias la presión que realiza el hueso adicional sobre la piel, lo que provoca la lesión de la misma.

Tratamiento.

La enfermedad no tiene cura. Lo más importante es la prevención de brotes, esto se hace evitando traumatismos, cirugías innecesarias, vacunas o inyecciones intramusculares. Pero hay veces que esto es inevitable o que los brotes aparecen de manera esporádica sin una causa puntual, cuando esto ocurre se trata a las personas con algunos medicamentos que tienen como finalidad controlar el desarrollo del brote.

Estos son:

Corticoides (prednisona): se emplea por su acción antiinflamatoria, ya que reducen la liberación de sustancias que ayudan a la inflamación y evita la llegada de linfocitos al lugar, de esta manera reduce el edema tisular. Se debe tomar en el momento en que se produzca un traumatismo, antes de que se empiece a desencadenar el brote o dentro de las 24hs del comienzo del mismo, se suministra en altas dosis por ciclos de 4 a 5 días. Luego debe suspenderse la toma debido a que tomar corticoides por largo tiempo trae efectos secundarios graves.

En los casos en que debe limitarse este tratamiento son el los siguientes:

1. Si afecta a articulaciones grandes, mandíbula y área submandibular. Estos son los llamados casos de emergencia.

2. Prevención de brotes en el caso de que la persona haya sufrido traumas severos.

3. Prevención de brotes en cirugías emergentes, electivas y menores tales como la cirugía dental y su uso perioperatorio.

No se debe usar en brotes que afecten el cuello o el tronco, debido a la larga duración de los mismos y a la dificultad de evaluar su inicio. En estos casos se debe consultar inmediatamente a un medico. Tampoco se puede utilizar como un tratamiento crónico.

Relajantes musculares: suelen ser efectivos para evitar que el area de musculos sanos que limitan con la lesión entren a sufrir espasmos y acortamiento de sus fibras y asi disminuir el dolor. Estos se utilizan principalmente cuando las zonas dañadas son la de la espalda o la de las extremidades.

Antiinflamatorios no-esteroideos (AINES, por ejemplo ibuprofeno): estos actúan sobre las prostaglandinas, estas son favorecen a su vez la formación de hueso, lo que haría que al utilizar estos antiinflamatorios se haga más dificultoso la formación de hueso. Pero para que esto ocurra, la droga debe estar en el sistema antes que las células pluripotenciales empiecen con el camino de la osificación. Por esta razón es conveniente tomar estos medicamentos en un brote de más o menos 48hs de desarrollos o si se tratase de un tratamiento prolongado.

Consideraciones sobre tratamientos potenciales en caso de brotes y heridas.	
Situación	**Consideraciones sobre tratamientos**
Caídas y traumatismos en la cabeza	• El bloqueo de los miembros superiores puede acentuar los traumatismos en cuello y cabeza debido a caídas. Son comunes los hematomas epidurales en caídas graves y emergencias quirúrgicas. Todas las heridas en el cuello y en la cabeza deben ser evaluadas inmediatamente por un médico. • Los padres pueden considerar el uso de gorro de protección para niños.
Traumatismos graves en el tejido blando que amenacen el uso de un miembro (por ejemplo, luego de una caída pero antes de que aparezca un brote)	• Aplicar hielo de forma intermitente, según se tolere, en el área afectada durante 24 horas. • Se puede considerar un breve tratamiento (3 días) con prednisona. Si el brote aparece posteriormente, trate los síntomas como se indica más abajo. No utilizar prednisona tras golpes y caídas leves. Brotes en la espalda y/o el pecho • Se pueden tratar los síntomas con un antiinflamatorio no esteroide o inhibidor de Cox-2 (celecoxib) tomando precauciones gastrointestinales para evitar dolres de estómago. Utiliza analgésicos y/o relajantes musculares de acuerdo a la necesidad. • No se debería usar prednisona para el tratamiento de brotes en la espalda, el cuello o el tronco debido a la larga duración y recurrencia de estos brotes y la dificultad de evaluar el comienzo de tales brotes. En

	raras ocasiones, se puede emplear un breve tratamiento con corticosteroides para romper el ciclo de brotes recurrentes, que a menudo suceden durante la primera infancia. No obstante, la utilidad de este enfoque no esta muy aceptada, ya que los brotes tienden a reaparecer rápidamente tras detener la terapia con corticosteroides.
Brotes en los miembros	• Se puede administrar un breve tratamiento (4 días) con prednisona. Hay que empezar en las primeras 24 horas desde la aparición del brote. Ten a mano el medicamento por si sucede una emergencia. Emplea analgésicos y/o relajantes musculares de acuerdo a la necesidad. Toma precauciones gastrointestinales. • Se puede considerar un tratamiento de 2-3 días con Pamidronato por vía intravenosa en conjunción con prednisona para brotes agudos (empezando con prednisona un día o dos antes de la administración del Pamidronato). También se puede considerar el uso de Zometa (ácido zoledrónico) para personas a partir de los 18 años de edad. El ácido zoledrónico no se debe utilizar en pacientes más jóvenes.
Brotes en el área submandibular (debajo de la mandíbula)	• Evitar estrictamente la repetida manipulación o palpación. • Control de las vías respiratorias.

	• Tener precauciones de aspiración (la aspiración es una respiración audible que compromete el habla
	• Aporte nutricional
	• Se puede considerar el uso de prednisona durante 3-4 semanas con un descenso gradual, para reducir la hinchazón del tejido blando de este área vulnerable si las vías respiratorias son amenazadas, o si afecta al tragar. Esta es una de las pocas situaciones en las que queda justificado un uso más prolongado de corticosteroides. También se puede usar prednisona en conjunción con Pamidronato o Zoledronato.

Fuente: http://fundacionfop.org.ar/wp-content/uploads/2015/09/que-es-fop-guia-para-la-familia.pdf

Si el paciente empieza a presentar signos de osificación submandibular, además del tratamiento con corticoides debe prevenir que se obstruya las vías aéreas, se recomienda dormir con la cabeza elevada, ingerir comidas semisólidas o puré y considerar alimentos con alto contenido calórico para evitar pérdida de peso.

La terapia acuática colabora con tener un sistema cardiopulmonar resistente, a generar un rango activo de movimiento, además que el agua tibia alivia el dolor. Las aguas termales también son recomendadas en este punto, además de aliviar el dolor se vio que ayuda a bajar la inflamación.

Se debe hacer consultas periódicas al médico para evaluar el avance de la enfermedad.

Investigación clínica.

Palovaroteno.

La empresa Clementia está llevando a cabo un estudio para ver los efectos del Palovaroteno, es un agonista del receptor del ácido retinoico gamma (RARγ) y se vio que en ratas con FOP que sufrían una lesión este evitaba la formación de hueso heterotópico.

Lo que se realiza ahora es un ensayo clínico fase 2, con doble enmascaramiento, controlado con placebo, para evaluar el uso del medicamento en pacientes FOP en el momento de una exacerbación. Se incluyen en el estudio 24 pacientes, mayores de 15 años que tengan una exacerbación en los hombros, brazos, caderas o las piernas. 18 recibirán alguna de las tres dosis de palovaroteno y 6 el placebo. El objetivo es determinar si tienen algún efecto sobre la formación de hueso nuevo durante el brote y después de él, si esto ocurre cual sería la dosis y ver si hay efectos secundarios.

Este estudio se realiza en 5 centros:

• Argentina, Buenos Aires

Hospital Italiano de Buenos Aires, Departamento de Pediatria

• Estados Unidos, San Francisco

Universidad de California San Francisco, División de endocrinología y metabolismo.

• Estados Unidos, Filadelfia

Universidad de Pennsylvania, Center for FOP & Related Bone Disorders

• Italia, Génova

Instituto Gaslini, Unidad de Enfermedades Raras, Departamento de Pediatría.

• Australia, Queensland

Universidad de Queensland Diamantina Institute

• Reino Unido, Stanmore

Hospital Royal National Prthopaedic

• Francia, Paris

Hospital Necker

Regeneron lumina-1 Trial.

REGN2477 es un medicamento en investigación para FOP de Regeneron. REGN2477 es un anticuerpo contra Activin A, que se cree juega un papel importante en el desarrollo de la osificación heterotópica (HO). Al bloquearla se relentecería o prevendría la formación de hueso. Se inscribieron pacientes con FOP entre 18 y 60 años, mujeres y varones. Algunos recibirán la dosis de medicamento y la mitad o hasta 20 personas recibirán el placebo.

La prueba en ratones mostro que cuando eran tratados con este anticuerpo monoclonal contra la Activina A no presentaban osificación heterotópica.

Aunque la distribución de la enfermedad no reconoce diferencia de raza o sexo, el desarrollo de la misma, es decir, la osificación heterotópica postnatal, si dependerá del estilo de vida y del medio ambiente en el que se encuentre el paciente. Esto se ve evidenciado en los casos de gemelos con FOP, si bien ambos tienen la mutación no son iguales las manera en que se desarrolla la enfermedad. Los traumatismos que sufra, la exposición a enfermedades virales, los recaudos y conocimiento de los riesgos que tenga la persona con FOP, como también el centro de salud al que acuda y la capacitación que tengan los profesionales de los mismos, para llegar un diagnostico rápido y pueda ser tratado adecuadamente. Esto último, es donde hay que hacer más hincapié ya que el tratamiento de la enfermedad, al no haber una cura, se basa en la prevención o pronta atención de los brotes.

Esquema de tratamiento sintomático de FOP.

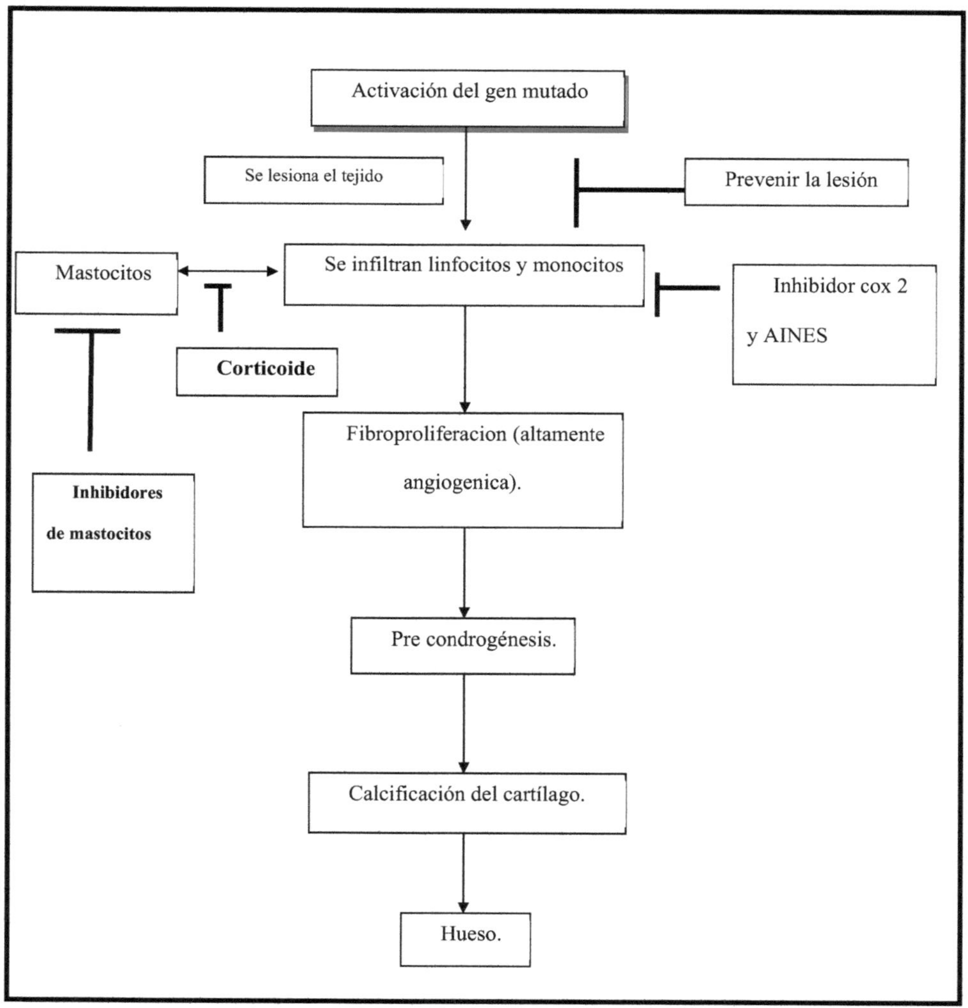

Fuente: traducción propia del symptomatic treatment schema in FOP. Que se encuentra en http://fundacionfop.org.ar/wp-content/uploads/2015/09/the-medical-management.pdf, mostrando solamente las que son indicaciones de intervenciones.

Consideraciones a tener en cuenta en la vida cotidiana para las personas con FOP.

- Deben ser evitadas las cirugías innecesarias. En caso que no puedan evitarse se deben considerar acompañarlas con medidas antiinflamatorias, ver qué tipo de anestesia se utiliza, el tubo debe ser colocado por la nariz y todo lo que se deba inyectar debe ser de manera subcutánea y no intramuscular.
- Las vacunas deben ser administradas de forma oral o subcutánea, de ninguna manera deben ser dadas intramuscularmente. Es de suma importancia que sean administradas ya que se debe evitar de todas las maneras posibles infecciones respiratorias, o enfermedades que puedan desencadenar síntomas. Las que pueden ser dadas de manera subcutánea son: contra Sarampión, meningococo, neumococo, contra la polio y las antigripales. Y otras solo pueden ser suministradas en su manera clásica por lo que no es recomendable en pacientes FOP, este es el caso de la vacuna contra la influenza, hepatitis A y B, el tétanos y HPV.
- Se debe prevenir la gripe, esta demostró ser un agente importante en inicios de brote. Aun se desconoce el mecanismo por lo que esto ocurre, pero una hipótesis que se maneja se basa en que está ligado al sistema inmunológico.
- Una buena alimentación e hidratación es sumamente necesaria ya que optimiza a nuestro sistema inmune.
- Mantener una buena higiene bucal, ya que complicaciones como caries, gingivitis o situaciones que lleven a procedimiento de restauración podrían ocasionar osificación en la mandíbula. Para esto se recomienda pastas con fluoruro, uso frecuente de hilo dental y el uso de cepillos dentales ultrasónicos con cabeza pequeña.
- Los pircing y los tatuajes no están prohibidos ya que son subcutáneos.
- Se deben tomar estas medidas para prevenir las ulceras de presión: cambiar de posición, evitar permanecer directamente apoyado sobre los huesos de la cadera, utilizar camas y colchones que reduzcan la presión y examinar la piel para que en el caso que aparezcan sean tratadas rápidamente.
- Se recomienda que hagan actividad física, esta debe ser moderada. Es aconsejable en este punto la natación.
- Fomentar una buena respiración y mantener el tórax activo, esto se puede lograr inflando globos, tocando un instrumento de música, haciendo ejercicios de relajación.
- Embarazo: una mujer con FOP puede concebir y tener hijos, pero esto puede suponer un riesgo para su vida y complicaciones para el niño. Esto se debe a que puede tener brotes durante el embarazo y los medicamento con los que se los trata se deben limitar, respiración limitada en los

últimos meses, puede haber complicaciones en el parto, el pequeño deberá nacer por cesárea y con la anestesia general. En cuanto a las complicaciones que puede tener el niño se encuentra el hecho de que puede nacer prematuro, puede que por problemas respiratorios de la madre al bebe no le llegue suficiente oxigeno, lo que le podría causar parálisis cerebral

Calidad y esperanza de vida.

Las personas que padecen FOP son personas con autonomía cada vez más reducida a causa de la inmovilización de las articulaciones, lo que hace que en un momento necesiten una asistencia permanente. De esta manera la calidad de vida se ve afectada de una manera personal, social y familiar. Vale mencionar que en estos años se han generado herramientas y estrategias para garantizar la independencia de los pacientes por más tiempo.

En la Facultad de Arquitectura de la UBA se desarrollo un proyecto de investigación sobre ayudas técnicas para FOP, además de que hay un catalogo con elementos que pueden adquirir los pacientes.

Fuente: http://morfologiadigital.blogspot.com/2010/07/atril-de-lectura-para-la-fundacion-fop.html

Su esperanza de vida ronda por los 50 años, el fallecimiento por lo general se debe a las complicaciones debidas al síndrome de insuficiencia torácica (IST) que desarrollan.

Los principales problemas de la IST son la neumonía y la insuficiencia cardiaca derecha. Para disminuir la mortalidad por estas causas se recomienda tomas medidas profilácticas como maximizar la función pulmonar, prevenir la influenza e infecciones respiratorias. Otras causas de muerte es la desnutrición y la asfixia, como consecuencia de la osificación de la articulación temporo mandíbula. Deben ser evaluadas regularmente por un neumonólogo y un cardiólogo.

Diagnóstico.

Dificultad en el diagnostico.

La rareza de la enfermedad, es la única que se conoce en donde un tejido se convierte en otro y el desconocimiento que hay de la misma, hace que sea difícil de diagnosticar. Los signos se los suele confundir con cáncer, displasia fibrosa y fibromastosis juvenil agresiva. Su mal diagnóstico hace someter a los pacientes a prácticas que son sumamente perjudiciales para ellos.

Toma un promedio de 4 años desde los síntomas iníciales y las consultas con 6 médicos antes de que un individuo con FOP reciba el diagnóstico correcto.

Es tan extraña esta enfermedad que cuando a las personas se les pregunta sobre uno de sus síntomas (El musculo se convierte en hueso) el 60 % no creen que es posible, un 23% responde no saber y solo un 17 % afirma que así es.

Grafico 1.

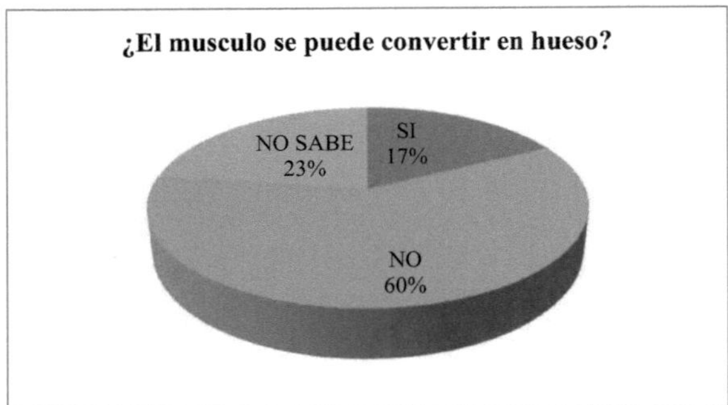

Fuente: elaboración propia.

A los encuestados se los dividió en dos grupo, los que trabajaban o estudiaban en el área de la Salud (no incluye médicos) y los que no. Tomando el total de los que dijeron que no, el 59% eran del primer grupo y el 41% del segundo.

Gráfico 2.

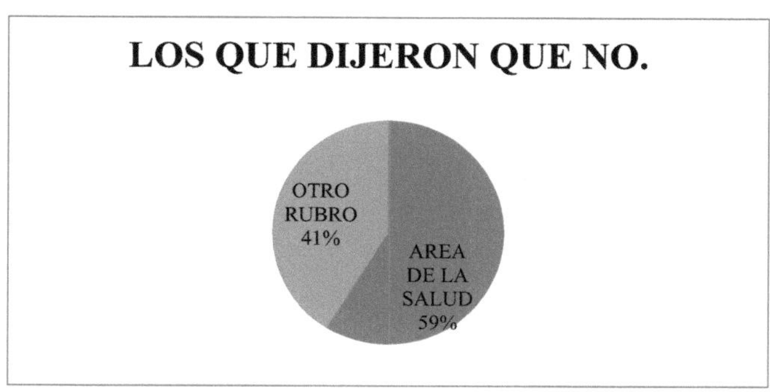

Fuente: elaboración propia.

Otra dificultad que presenta el diagnostico de la enfermedad es el desconocimiento de esta por parte de los médicos. Si bien la mayoría afirma conocerla, muy pocos saben bien de que se trata o cuando sospechar de la misma.

En una encuesta que se les realizo a un grupo de médicos de la localidad de Avellaneda, provincia de Buenos Aires, el 72 % afirmo que conocía la enfermedad.

Grafico 3.

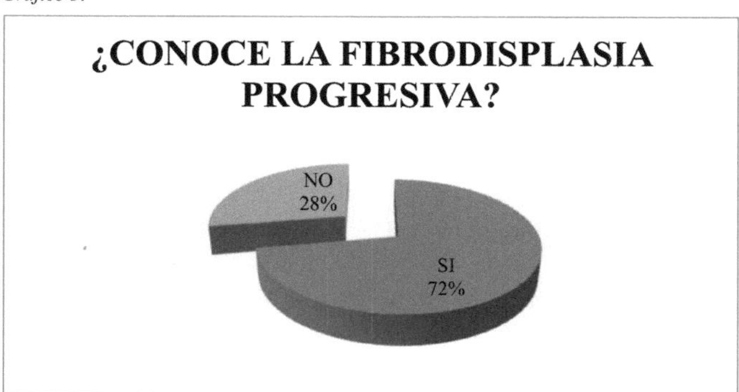

Fuente: elaboración propia.

Luego tomando a los que habían contestado que si se les pregunto si sabían cuál era el indicio que los haría sospechar de que un paciente tiene FOP, el 69% contesto que si.

Fuente: Elaboración propia.

Con el grupo que contesto si, se prosiguió con la siguiente pregunta que era que respondieran cual era. En este caso solo respondió bien el 11% de los que habían afirmado conocerlo. Ese 11% corresponde a un 5 % del total del grupo con los que se empezó a trabajar la encuesta.

Consultando a la agrupación FOP de Chile, en donde hay 8 casos reconocidos de la enfermedad, la edad en las que fueron diagnosticados van desde los 4 años a los 19. Todos habiendo pasado por otros diagnósticos erróneos.

En Argentina se estiman unos 20 casos, distribuidos en CABA, la región metropolitana, Bariloche, Rosario y Entre Rios. La prevalencia es tan baja que se estima que es 0,05 por cada 100.000 habitantes del país.

Síntomas y consecuencias de un mal diagnostico.

El primer brote aparece generalmente en la primera década de vida o muy ocasionalmente en la segunda, y como consecuencia de un traumatismo o esporádicamente.

Los síntomas que aparecen se los suele confundir con tumores que llevan a cirugías o biopsias que lejos de ayudar, desencadenan más brotes. Acelerando las complicaciones de la enfermedad. Se estima que al 67% les ocurre esto, y en el 50 % de los casos crea una discapacidad permanente.

El indicio que presenta la mayoría de los pacientes son malformaciones bilaterales de los pies caracterizada porque el dedo mayor presenta, monofalange y halluxvalgus. Esto se presenta desde el momento del nacimiento. Y es una de las cosas que nos sirve para realizar el diagnostico diferencial. Pero debido a la poca frecuencia de la enfermedad no se le suele dar importancia.

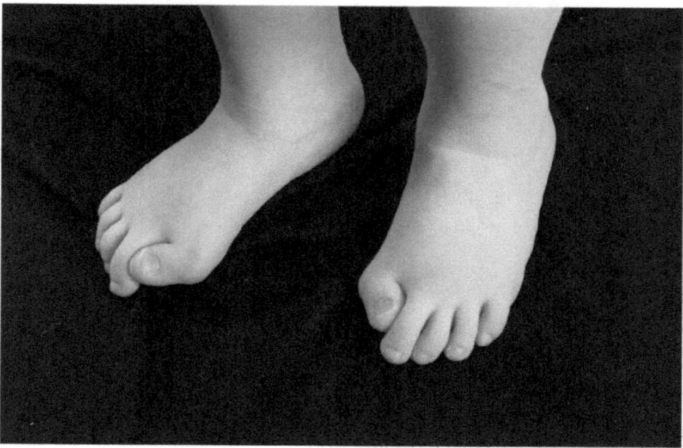

Fuente: http://www.ifopa.org/fop_symptoms

Sin embargo, no nos podemos basar solamente en este indicio para diagnosticar concluyentemente FOP, para esto se necesita una seria de pruebas genéticas (algo reciente, teniendo en cuenta que el gen involucrado se descubrió en el 2006).

Unas de las osificaciones clásicas que se pueden dar en la infancia son las de las articulaciones del cuello. Estas se forman antes de nacer y en las personas con FOP se deterioran y forman hueso donde debería estar el cartílago. Como resultado de esto el cuello se vuelve rígido y hasta pueden provocar que el bebe no pueda gatear.

Además los niños nacidos con FOP pueden presentar una malformación genética en las articulaciones que conectan las costillas con las vértebras en la columna vertebral. Esto sumado a las osificaciones que se dan en los músculos de la caja torácica lleva a la restricción de la misma.

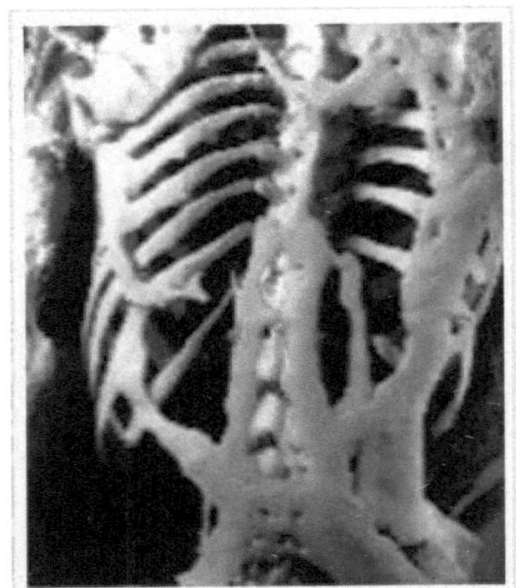

Fuente: http://fundacionfop.org.ar/que-es-fop-informacion-medica/

Son comunes las deformidades espinales, un estudio con 40 pacientes con FOP demostró que el 65% tenían evidencia radiográfica de esclerosis. Estas conducen a una rápida perdida de la movilidad.

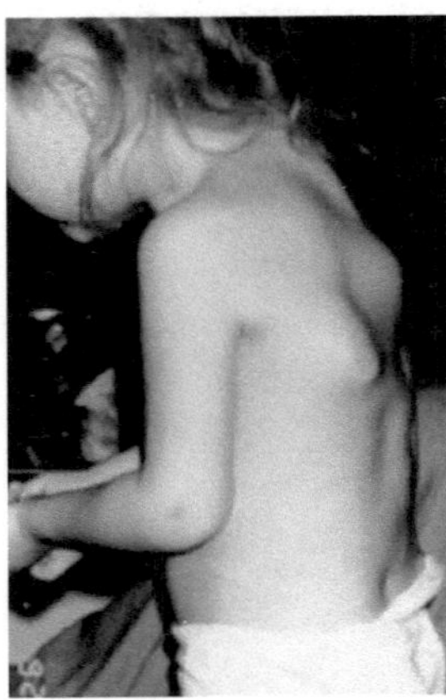

Fuente: http://www.ifopa.org/fop_symptoms

Si el caso es grave puede llevar a la oblicuidad pélvica, lo que provoca un desequilibrio en el tronco.

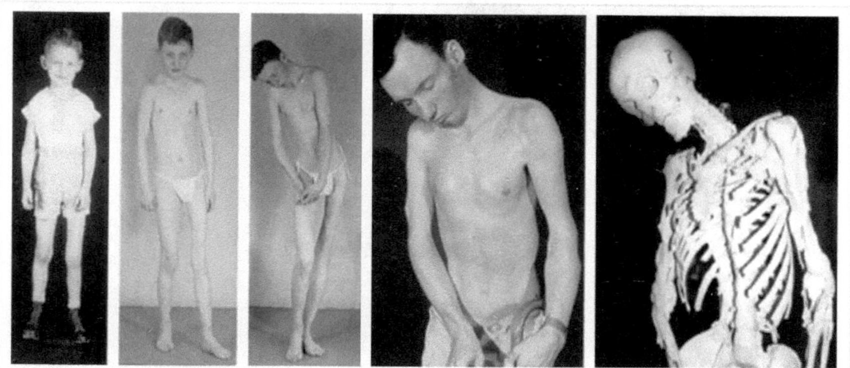

Fuente: **http://fundacionfop.org.ar/sintomas/**

Las anomalías en el desarrollo de articulaciones temporomandibular y las osificaciones submandibulares ya sea por causa de un traumatismo o idiopática causan dificultades graves para comer y respirar. Si no son tratadas a tiempo pueden llevar a inanición como asfixia que causa la muerte o que se le tenga que colocar un soporte nutricional al paciente.

Pruebas genéticas.

Las pruebas genéticas suele ser una amplificación completa por PCR de los exones del gen ACVR1y su posterior secuenciación. Para esto la muestra debe ser tomada en un tubo con ADTA y se deben separar los leucocitos. En algunos lugares la muestra se toma en las tarjetas de papel de filtro.

Este tipo de estudios se realizan en varias partes del mundo como en España y en EE UU pero no aun en Argentina ni en Chile.

Estudios complementarios:

Las osificaciones heterotópicas se pueden ver a través de rayos X. No se deben realizar estudios invasivos que puedan provocar el inicio de síntomas.

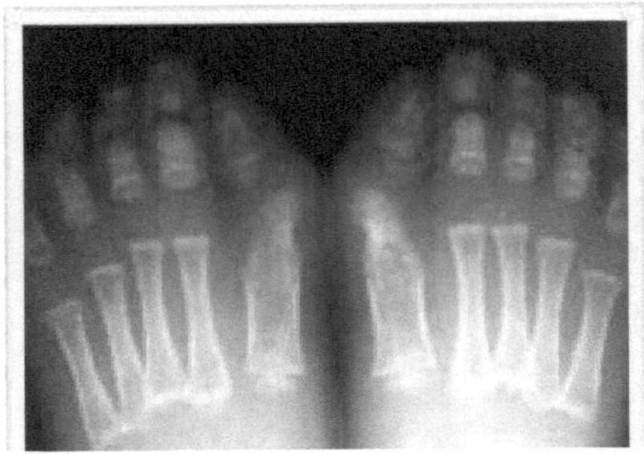

Fuente: **http://fundacionfop.org.ar/que-es-fop-informacion-medica/**

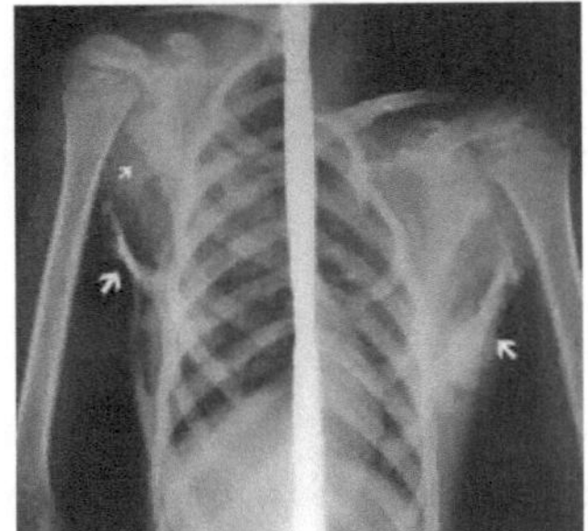

Fuente: **http://www.medigraphic.com/pdfs/ortope/or-2012/or123j.pdf**

Para ver el progreso de la enfermedad se realizan observaciones de la movilidad del paciente, para evaluar si aumenta su rigidez.

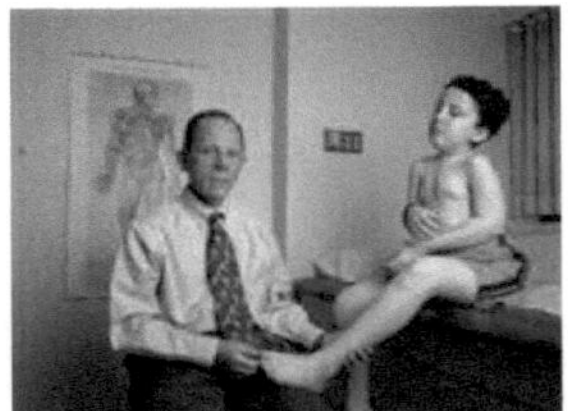

Fuente: **http://pro.magnumphotos.com/Catalogue/Alessandra-Sanguinetti/2006/USA-Pennsylvania-Dr-Frederick-KAPLAN-NN193771.html**

Otros estudios tienen que ver con controlar la aparición y la detección a tiempo de las complicaciones de FOP. Estos pueden ser estudios para la funcionalidad renal, espirometrías, audiometrías, electrocardiogramas como una exanimación de la piel en busca de ulceras de presión.

Presentación de casos.

CASO: Katina Pavletich Heisig.

Katina Pavletich Heisig es una chilena del pueblo de la Serena. Se le presentaron síntomas de Fop a los 4 años de edad, después de varios diagnosticos errados (hasta le llegaron a diagnosticar cáncer) y luego de 4 años, se le diagnostica la fibrodisplasia osificante progresiva.

Su pediatra desconocía la enfermedad pero un medico de Santiago de Chile le nombra FOP y le da el nombre del doctor Kaplan. Es él y su equipo en Philadelphia quien finalmente la diagnostica.

Esto ocurre en el año 1995, Katina tenía 8 años. En ese momento no se conocía la mutacion del gen que provoca la enfermedad por lo que la exploración y la evaluación del medico tratante fue de suma importancia. Esta consistió en observar el cuerpo y los movimientos que podía realizar. También se le tomaron muestras de sangre a ella, como a su mama y hermano para investigar genéticamente.

Sus primeros brotes fueron en el brazo izquierdo, el que actualmente no puede flexionar, luego el cuello que presenta rigidez y la espalda.

Katina reconoce el inicio de un brote porque la zona se inflama, calienta y a veces enrojece y siente rigidez. En ocasiones presenta dolor.

Una vez diagnosticada por FOP, su tratamiento empezó con la capacitación en la enfermedad tanto para ella y su familia como para su pediatra, tener cuidado en las caídas y en el caso de sentir el inicio de los síntomas toma corticoides 4 dias.

CASO FOP y embarazo.

En Argentina, en el hospital en el hospital Español de Rosario una mujer de 20 años dio a luz a un niño de 31 semanas de edad estacional. La madre había sido diagnosticada de FOP a los 15 años.. En el momento que quedo embarazada fue informada de los riesgos que suponía. El bebe nació por cesárea y se le hicieron inmediatos en donde se observó un cuello corto y rígido, hipospadias grave y dos llamativos hallux grandes y deformes , se le hicieron además radiografias en donde se vio que tenia fusiones vertebrales cervicales.

La ecografía transfontanelar, ecocardiograma y ecografía abdominorrenal fueron normales, así como la pesquisa metabólica neonatal, las otoemisiones acústicas y el fondo de ojos.

Debido a los hallazgos encontrados y a la predisposición genética, se resolvió por llamar a Dr. Frederic Kaplan del Center for Research of FOP and Related Disorders, de la Universidad de

Pennsylvania en Filadelfia, Estados Unidos y se tomaron medidas como evitar la vacunación y otras medicaciones de aplicación intramuscular, optan por la via subcutánea.

CONCLUSIÓN

Las personas con FOP tardan en promedio 4 años en ser diagnosticadas, en ese proceso son sometidas a prácticas que en el 50% de los casos los deja con una incapacidad permanente. Esto se debe, en la mayoría de los casos, por un desconocimiento de la enfermedad por parte de los médicos tratantes. Esta situacion es algo general que atañe a las enfermedades raras, esto es debido a su poca incidencia. Por eso es importante la difusión, promoción y capacitación sobre las mismas.

En cuanto a encontrar un tratamiento efectivo todavía está en estudio, pero el haber encontrado el gen abrió puertas que nos hace que sea más efectiva la búsqueda y las investigaciones. Habrá que esperar los resultados de las investigaciones de Clementia, que inscribió su primer paciente en el ensayo en el 2017, y los de Regeneron. Mientras tanto remarcar, enseñar y capacitar sobre las cosas a prevenir, los pasos a seguir en casos de trauma, el identificar los brotes lo antes posible es la única manera de garantizar la mejor calidad de vida posible a las personas con FOP.

BIBLIOGRAFIA

http://fundacionfop.org.ar/

http://fundacionfop.org.ar/wp-content/uploads/2015/09/que-es-fop-guia-para-la-familia.pdf

http://fundacionfop.org.ar/wp-content/uploads/2015/09/the-medical-management.pdf

http://fundacionfop.org.ar/que-es-fop-informacion-medica/

http://www.ifopa.org/regeneron_lumina_trial

https://clinicaltrials.gov/ct2/show/NCT02190747?term=fibrodysplasia+ossificans+progressiva

https://revistageneticamedica.com/2015/09/11/mecanismo-molecular-fibrodisplasia-osificante/

http://www.ivami.com/es/pruebas-geneticas-mutaciones-de-genes-humanos-enfermedades-neoplasias-y-farmacogenetica/1363-fibrodisplasia-osificante-progresiva-fibrodysplasia-ossificans-progressive-gen-i-acvr1

https://www.facebook.com/fopchile/

https://www.raredr.com/news/fibrodysplasia-ossificans-progressiva-look-toes

https://www.jci.org/articles/view/93521

http://morfologiadigital.blogspot.com/2010/07/atril-de-lectura-para-la-fundacion-fop.html

Ross, M. H. & Wojciech P. (2013). Histologia: Texto y Atlas de color con Biología Celular y Molecular (6ª edición). Editorial: Panamericana.

Gilbert, S. F. Biologia del desarrollo (7ª edición). Buenos Aires: Panamericana.

De Cunto, C. (2010). Cuidados en FOP. Presentado en Jornada Preparatoria del II Encuentro Latinoamericano de FOP, Buenos Aires: Fundación FOP. Recuperado a partir de: https://www.youtube.com/watch?v=1t1K22Ysq3Y

http://stm.sciencemag.org/content/7/303/303ra137

http://files.shareholder.com/downloads/REGN/659649922x0x848806/9FBE9C2E-034A-4283-99F8-3A11085045E3/REGN_News_2015_9_2_General_Releases.pdf

http://www.scielo.org.ar/scielo.php?script=sci_arttext&pid=S0325-00752012000600016

http://scielo.sld.cu/scielo.php?pid=S0864-21252012000300014&script=sci_arttext&tlng=pt

https://www.infobae.com/2006/06/30/261949-identifican-el-gen-del-trastorno-que-transforma-tejidos-huesos/

http://www.redalyc.org/html/4236/423650028004/

Método empleado: Método descriptivo.

Datos del método.

Duración: 3 meses.

Procesamiento de datos:

Excel 2007

Word 2007